Sitzungsberichte
der Heidelberger Akademie der Wissenschaften
Mathematisch-naturwissenschaftliche Klasse
Jahrgang 1930. 10. Abhandlung.

Über die Ränderzuordnung bei topologischen Abbildungen in der Ebene und im Raume

Von

Boris Kaufmann
in Heidelberg.

Vorgelegt durch Herrn Rosenthal am 18. Juli 1930.

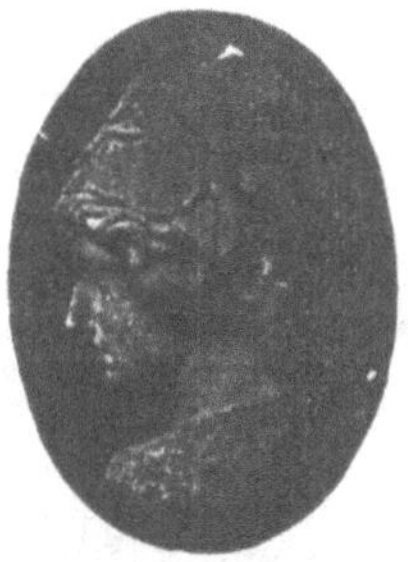

Berlin und Leipzig 1930
Walter de Gruyter & Co.
vormals G. J. Göschen'sche Verlagshandlung / J. Guttentag, Verlagsbuchhandlung / Georg Reimer / Karl J. Trübner / Veit & Comp.

Über die Ränderzuordnung bei topologischen Abbildungen in der Ebene und im Raume.

Einleitung.

Die Entwicklung der allgemeinen Primendentheorie[1]) ermöglicht uns verschiedene neue Probleme der Ränderzuordnung bei topologischen Abbildungen der offenen, aus endlich vielen Komponenten bestehenden Raummengen in Angriff zu nehmen. Die Randelemente (Primenden) bilden nicht nur die Bausteine der Gebietsbegrenzungen mit gestaltlich interessanten geometrischen Eigenschaften, sondern es kommt ihnen bei zahlreichen Abbildungsproblemen eine grundlegende Rolle zu. Die Primenden regulieren gewissermaßen die Ränderzuordnung bei topologischen Abbildungen.

Den Hauptfragenkomplex unserer Untersuchungen bilden die Invarianzeigenschaften und -bedingungen der Primenden.

Lassen sich bei einer gegebenen Abbildung A eines Gebietes $\mathfrak{G}$ auf ein Gebiet $\tilde{\mathfrak{G}}$ die Primenden der beiden Gebiete umkehrbar eindeutig aufeinander zuordnen, wobei die Gesamtheit der Punktfolgen, welche gegen ein Primende konvergieren[2]), *in die Gesamtheit aller Punktfolgen, die gegen das zugeordnete Primende in $\tilde{\mathfrak{G}}$ konvergieren, übergeht, so sprechen wir von der Invarianz der Primenden gegenüber der Abbildung A und ihrer inversen Abbildung A^{-1}.*

Man muß sich allerdings im klaren bleiben, daß die notwendigen und hinreichenden Bedingungen der Primendeninvarianz von ver-

---

[1]) Vgl. die Heidelberger Dissertation des Verfassers: „Über die Berandung ebener und räumlicher Gebiete (Primendentheorie)" Math. Annalen Bd. 103 (S. 70—144), 1930, weiterhin als „Primendentheorie" (kurz „Pth.") zitiert. — Die Kenntnis der Primendentheorie wird im Nachfolgenden nur in sehr beschränktem Maße vorausgesetzt. Es kommt im wesentlichen nur auf die Grundbegriffe (wie unbewallte f-Gesamtheiten, konjugierte f-Mengen usw.) und die Grundresultate der Theorie an. Auch von den dort entwickelten Hilfsmitteln, welche das gleichzeitige Operieren über Folgen (als Elemente von Punktfolgenmengen) ermöglichen, wird hier nur wenig Gebrauch gemacht. Es sei insbesondere auf die Einleitung und die §§ 2—6 und 8 der Arbeit hingewiesen.

[2]) Die gegen das Primende konvergierenden Punktfolgen brauchen an sich nicht konvergent zu sein.

schiedener Tragweite und Tiefe sein können. Es kommt natürlich immer darauf an, wie weitgehend die Voraussetzungen sind, welchen eine gegebene Abbildung genügt. Je einschneidender die gemachte Voraussetzung, desto schwächer das Resultat.

Die vorliegende Abhandlung bringt die ersten, einfachen Invarianzbedingungen und bildet eine Vorstufe zu weiteren Untersuchungen, deren Hauptresultate wir ebenfalls erwähnen.

Im § 1 wird die Invarianz der Primenden auf die unsere Vorstellung vereinfachende Zuordnung der gegen die Primenden konvergierenden Kurven zurückgeführt. Im § 2 wird eine notwendige und hinreichende Invarianzbedingung allein auf Grund der Zuordnung der gegen die Primenden konvergierenden Wege (Einschnitte) abgeleitet. In diesem Satz kommt bereits die besondere Rolle der erreichbaren Punkte bei der Abbildung zum Ausdruck. § 3 enthält eine vorläufige Mitteilung über weitere tiefergehende Resultate. In der Voraussetzung, welcher die in § 2 betrachtete Abbildung A_b genügt, ist immer noch *das Primende selbst verwendet worden*. Es zeigt sich aber, daß die Invarianz der Primenden auch dann bestehen bleibt, wenn man *von den erreichbaren Stellen für sich ausgeht, ohne von den Primenden selbst Gebrauch zu machen.* Eine besondere Bedeutung gewinnen dabei solche Gebiete in der Ebene und im Raume, deren Randelemente *höchstens einen* erreichbaren Punkt enthalten. In diesem Fall, wie wir in § 3 zeigen, läßt sich der dort erwähnte Abbildungssatz auf den Invarianzsatz II (§ 2) zurückführen.

§ 1. Der erste Invarianzsatz.

1. *Kurven und Punktfolgen am Rande.* Die denkbar einfachste und naheliegendste, allerdings nicht in die Tiefe gehende Bedingung der Primendeninvarianz erhalten wir durch Zuordnung der gegen den Rand bzw. die Randelemente konvergierenden Kurven. Unter einer Kurve C, welche gegen den Rand Γ eines Gebietes $\mathfrak{G}$ konvergiert, verstehen wir das ganz innerhalb $\mathfrak{G}$ liegende topologische Bild eines in der Richtung eines Endpunktes x_1 offenen Intervalls

$$x_1 < x \leqq x_2,$$

dessen abgeschlossene Hülle C^0 außer C nur Punkte des Randes enthält. Nach dieser Definition enthält die Bildpunktfolge einer jeden gegen x_1 konvergierenden Punktfolge des Intervalls eine gegen einen Randpunkt von $\mathfrak{G}$ konvergierende Teilfolge.

Unter einer Kurve C, welche gegen ein Ende $\mathfrak{E}_g$ des Gebietes $\mathfrak{G}$ konvergiert, verstehen wir eine gegen den Rand konvergierende Kurve mit der Eigenschaft, daß jede auf ihr liegende und gegen einen Randpunkt konvergierende Punktfolge auch gegen das Ende $\mathfrak{E}_g$ konvergiert[1]).

Enthält die abgeschlossene Hülle C^0 einer gegen den Rand konvergierenden Kurve C nur einen einzigen Randpunkt ξ, so ist C^0 das topologische Bild des abgeschlossenen Intervalls $x_1 \leqq x \leqq x_2$ und wird ein *Einschnitt* des Gebietes $\mathfrak{G}$ genannt. Der Punkt ξ ist dann ein erreichbarer Randpunkt.

Wir berücksichtigen jetzt den grundsätzlichen Unterschied zwischen den α- und β-Punktfolgen (Pth. § 4). Eine jede Punktfolge, welche auf einem Einschnitt liegt und gegen seinen auf dem Rande liegenden Endpunkt konvergiert, ist immer eine α-Punktfolge [Pth. § 13 (1)]. Umgekehrt läßt sich immer ein Einschnitt konstruieren, welcher eine gegebene α-Punktfolge enthält.

Eine nur α-Punktfolgen enthaltende unbewallte f-Gesamtheit (Pth. § 4) nennen wir vom α-Typus: Eine solche bestimmt in eindeutiger Weise einen (einfach gezählten) erreichbaren Randpunkt. Die (evtl. zusammenfallenden) Häufungspunkte zweier verschiedenen unbewallten f-Gesamtheiten vom α-Typus werden immer als verschiedene erreichbare Randpunkte betrachtet. Zwei Einschnitte, welche gegen einen und denselben erreichbaren Punkt konvergieren, enthalten immer nur α-Punktfolgen einer und derselben f-Gesamtheit. Gehören zwei verschiedene α-Punktfolgen einer und derselben unbewallten f-Gesamtheit an, so läßt sich immer ein Einschnitt des Gebietes konstruieren, welcher die beiden Punktfolgen enthält[2]).

Wir schicken zunächst die folgenden, für allgemeine Ränder gültigen Behauptungen voraus:

(1) Eine beliebige, gegen den Rand konvergierende Punktfolge $P_1, P_2, \ldots P_n, \ldots = (P_n)$ des Gebietes $\mathfrak{G}$ konvergiert gegen ein Primende, oder sie enthält zwei verschiedene Teilfolgen, welche gegen zwei verschiedene Primenden konvergieren.

Konvergiert nämlich die Punktfolge (P_n) nicht gegen ein Primende, so enthält sie jedenfalls eine Teilfolge $P'_1, P'_2, \ldots P'_n, \ldots = (P'_n)$, welche gegen ein Primende E_g^τ (von der Ordnung τ) konvergiert,

[1]) D. h.: bis auf einen einfachen Bogen verläuft die Kurve C innerhalb eines jeden Gebietes einer jeden das Ende $\mathfrak{E}_g$ bestimmenden Gebietskette.

[2]) Man vergleiche dazu insbesondere die Ausführung in § 3 Ziff. 8.

während eine unendliche, zu (P'_n) fremde Teilfolge $P''_1, P''_2, \ldots P''_n, \ldots = (P''_n)$ derselben außerhalb fast aller Gebiete der das Primende bestimmenden Gebietskette liegen muß. Es ist nun ohne weiteres klar, daß keine Teilfolge von (P''_n) gegen $\mathfrak{E}^\tau_g$ konvergieren kann, so daß eine ihrer Teilfolgen gegen ein von $\mathfrak{E}^\tau_g$ verschiedenes Primende konvergieren muß.

(2) Es sei $\mathfrak{G}_1 > \mathfrak{G}_2 > \ldots > \mathfrak{G}_\nu > \ldots$ eine Kette von Teilgebieten des Gebietes $\mathfrak{G}$, welche ein auf dem Rande von $\mathfrak{G}$ enthaltenes Ende $\mathfrak{E}_g$ bestimmt. $P'_1, P'_2, \ldots P'_n, \ldots = (P'_n)$ und $P''_1, P''_2, \ldots P''_n, \ldots = (P''_n)$ seien zwei gegen das Ende $\mathfrak{E}_g$ konvergierende Punktfolgen. Wir wollen uns überzeugen, daß eine Kurve C innerhalb $\mathfrak{G}$ existiert, welche gegen das Ende $\mathfrak{E}_g$ konvergiert und die beiden Punktfolgen (P'_n) und (P''_n) enthält.

Einfachheitshalber sei vorausgesetzt, daß die beiden Punktfolgen zueinander fremd und in $\mathfrak{G}_1$ enthalten sind.

Für jedes $n = 1, 2, \ldots$ bestimmen wir den g r ö ß t e n Wert $\nu = \nu_n$, für welchen das Gebiet $\mathfrak{G}_{\nu_n}$ der Kette noch das Punktetrippel P'_n, P''_n und P'_{n+1} enthält. Dann verbinden wir den Punkt P'_n mit dem Punkt P'_{n+1} durch einen Weg c_n, welcher den Punkt P''_n enthält und ganz innerhalb $\mathfrak{G}_{\nu_n}$ verläuft und, von der Stelle P'_n selbst abgesehen, keinen der Wege $c_1, c_2, \ldots c_{n-1}$ und auch keine von P'_n, P'_{n+1} und P''_n verschiedenen Punkte der beiden Folgen trifft. Die Vereinigungsmenge

$$c_1 \dot{+} c_2 \dot{+} \ldots \dot{+} c_n \dot{+} \ldots = C$$

bildet offenbar eine Kurve, welche gegen $\mathfrak{E}_g$ konvergiert und die beiden Punktfolgen (P'_n) und (P''_n) enthält.

Ist nur eine gegen ein Ende konvergierende Punktfolge gegeben, so läßt sich natürlich nach dem Obigen sofort eine Kurve angeben, welche die betreffende Punktfolge enthält und gegen das Ende konvergiert.

2. *Der erste Invarianzsatz.* Wir beweisen jetzt auf Grund der Behauptungen (1) und (2) in Ziffer 1 den folgenden Satz:

Eine notwendige und hinreichende Bedingung für die Invarianz der Primenden bei einer gegebenen topologischen Abbildung A des beschränkten Gebietes $\mathfrak{G}$ auf ein beschränktes Gebiet $\tilde{\mathfrak{G}}$ und bei der inversen Abbildung A^{-1} besteht darin, daß jede gegen ein Primende des Gebietes $\mathfrak{G}$ (bzw. $\tilde{\mathfrak{G}}$) konvergierende Kurve durch die Abbildung A (bzw. A^{-1}) in eine gegen das Primende des Gebietes $\tilde{\mathfrak{G}}$ (bzw. $\mathfrak{G}$) konvergierende Kurve übergeht (Invarianzsatz I).

Die Bedingung ist notwendig: Es sei A eine topologische Abbildung des Gebietes $\mathfrak{G}$ auf $\tilde{\mathfrak{G}}$, welche nebst der inversen Abbildung A^{-1} die Primenden der beiden Gebiete umkehrbar eindeutig (im Sinne ihrer Invarianz) zuordnet. Es sei $\mathbf{E}_{g}^{\tau}$ ein Primende des Gebietes $\mathfrak{G}$ und $\tilde{\mathbf{E}}_{g}^{\eta}$ das ihm zugeordnete Primende von $\tilde{\mathfrak{G}}$. Würde die Bildkurve $\tilde{C}$ einer gegen $\mathbf{E}_{g}^{\tau}$ konvergierenden Kurve C nicht gegen $\tilde{\mathbf{E}}_{g}^{\eta}$ konvergieren, so gäbe es auf $\tilde{C}$ mindestens eine Punktfolge, welche gegen den Rand $\tilde{\Gamma}$ des Gebietes $\tilde{\mathfrak{G}}$ konvergiert, ohne gleichzeitig gegen das Primende $\tilde{\mathbf{E}}_{g}^{\eta}$ zu konvergieren. Dies widerspricht offenbar der Invarianzeigenschaft der Primenden gegenüber der Abbildung A. Eine ganz entsprechende Überlegung gilt natürlich auch dann, wenn wir vom Gebiet $\tilde{\mathfrak{G}}$ und der Abbildung A^{-1} ausgehen.

Die Bedingung ist hinreichend: Es sei $A = A_a$ eine topologische Abbildung des Gebietes $\mathfrak{G}$ auf ein Gebiet $\tilde{\mathfrak{G}}$, welche nebst der dazugehörigen inversen Abbildung A_a^{-1} den Voraussetzungen unseres Satzes genügt. Angenommen, die Primenden sind gegenüber der Abbildung A_a oder der Abbildung A_a^{-1} nicht invariant. Unter Berücksichtigung von (1) können wir sodann die beiden folgenden Fälle unterscheiden:

1. Es existieren zwei verschiedene Primenden $\tilde{\mathbf{E}}_{g}^{\delta}$ und $\tilde{\mathbf{E}}_{g}^{\eta}$ des Bildbereiches $\tilde{\mathfrak{G}}$ mit der Eigenschaft, daß eine gegen $\tilde{\mathbf{E}}_{g}^{\delta}$ konvergierende Punktfolge $\tilde{P}_1^{\delta}, \tilde{P}_2^{\delta}, \ldots \tilde{P}_n^{\delta}, \ldots = (\tilde{P}_n^{\delta})$ und eine gegen $\tilde{\mathbf{E}}_{g}^{\eta}$ konvergierende Punktfolge $\tilde{P}_1^{\eta}, \tilde{P}_2^{\eta}, \ldots \tilde{P}_n^{\eta}, \ldots = (\tilde{P}_n^{\eta})$ Bildpunktfolgen zweier gegen ein und dasselbe Primende $\mathbf{E}_{g}^{\tau}$ konvergierender Punktfolgen (P_n^{δ}) und (P_n^{η}) sind. Nach (2) können wir eine gegen das Primende $\mathbf{E}_{g}^{\tau}$ konvergierende Kurve C bestimmen, welche die beiden Punktfolgen (P_n^{δ}) und (P_n^{η}) enthält. In Widerspruch zu der in bezug auf A_a gemachten Voraussetzung konvergiert die Bildpunktfolge $\tilde{C}$ nicht gegen ein Primende.

Ein ganz ähnlicher Widerspruch ergibt sich sofort, wenn wir annehmen, daß die Bildpunktfolge einer gegen ein Primende von $\mathfrak{G}$ konvergierenden Punktfolge nicht gegen ein Primende von $\tilde{\mathfrak{G}}$ konvergiert.

2. Es existiert ein Primende $\tilde{\mathbf{E}}_{g}^{\tau}$ des Gebietes $\tilde{\mathfrak{G}}$, gegen welches zwei Punktfolgen $\tilde{O}_1^{\delta}, \tilde{O}_2^{\delta}, \ldots \tilde{O}_n^{\delta}, \ldots = (\tilde{O}_n^{\delta})$ und $\tilde{O}_1^{\eta}, \tilde{O}_2^{\eta}, \ldots \tilde{O}_n^{\eta}, \ldots = (\tilde{O}_n^{\eta})$ konvergieren, deren Urbildpunktfolgen (O_n^{δ}) und (O_n^{η})

gegen verschiedene Primenden $\mathfrak{E}_g^\delta$ und $\mathfrak{E}_g^\eta$ des Gebietes $\mathfrak{G}$ konvergieren. Die Unmöglichkeit dieser Behauptung läßt sich durch einen dem Obigen ganz ähnlichen inversen Schluß beweisen. Nach (2) läßt sich eine gegen das Primende $\tilde{\mathfrak{E}}_g^\tau$ konvergierende Kurve $\tilde{C}$ angeben, deren Urbildkurve, in Widerspruch zu der in bezug auf A_a^{-1} gemachten Voraussetzung, nicht gegen ein Primende von $\mathfrak{G}$ konvergiert. — (Eine ganz entsprechende Betrachtung erhalten wir auch dann, wenn wir vom Bildbereich $\tilde{\mathfrak{G}}$, statt von $\mathfrak{G}$, ausgehen.) Aus den hier klar hervortretenden Widersprüchen ergibt sich sofort unser Satz[1]).

§ 2. Der zweite Invarianzsatz.

3. *Die verschärfte Bedingung.* Im Nachfolgenden wollen wir eine wesentlich schärfere Invarianzbedingung ableiten. Wir werden uns überzeugen, daß man bereits mit Voraussetzungen über die gegen die Primenden konvergierenden Einschnitte auskommen kann. Die Verschärfung besteht nicht nur allein in der Beschränkung auf einen Teil der gegen ein Primende konvergierenden Kurven, sondern, was wesentlicher ist, darin, daß die gemachten Voraussetzungen nur die erreichbaren Primendenpunkte treffen[2]). Die

---

[1]) Für den Spezialfall einfach zusammenhängender ebener Gebiete wurde eine schärfere Invarianzbedingung (die Bedingung der „gleichmäßigen Bogenstetigkeit") von Herrn H. WOLKENSTÖRFER gegeben („Probleme der Erweiterung von topologischen Abbildungen ebener Punktmengen" [Inaugural-Dissertation, München 1929]; es kommen hier insbesondere Kap. II und III dieser Arbeit in Betracht). Es sei hier erwähnt, daß unter Benutzung der unbewallten f-Gesamtheiten diese Bedingung sich folgendermaßen aussprechen läßt: Liegt auf zwei Kurven C_1 und C_2 eines einfach zusammenhängenden ebenen Bereiches je eine Punktfolge einer und derselben unbewallten f-Gesamheit (vom α- oder β-Typus), so liegt auf den durch die Abbildung A gegebenen Bildkurven $\tilde{C}_1$ und $\tilde{C}_2$ von C_1 und C_2 ebenfalls je eine Punktfolge einer und derselben unbewallten f-Gesamtheit und umgekehrt.

Für den Beweis dieses Satzes ist der folgende Sachverhalt wesentlich: Zwei Kurven C_1 und C_2 eines einfach zusammenhängenden ebenen Gebietes, auf welchem zwei Punktfolgen (je eine auf jeder Kurve) liegen, die gegen ein und dasselbe Primende konvergieren, enthalten auch immer zwei Punktfolgen einer und derselben unbewallten f-Gesamtheit (vom α- oder β-Typus). Dieser Sachverhalt ergibt sich sofort daraus, daß im betrachteten Spezialfall die Primenden durch Ketten von Querschnitten, welche gegen einen einzigen Randpunkt konvergieren, bestimmt werden können.

[2]) Man ziehe hier insbesondere in Betracht, daß in den allgemeinsten Fällen die Primenden (von solchen erster Art abgesehen) im Raume zwei- und in der

Voraussetzung der nachfolgenden Invarianzbedingung trifft solche Primenden, welche keine erreichbaren Punkte enthalten, überhaupt nicht! Die Abbildung der letzteren hängt somit ganz von der Abbildung der ersteren ab.

Wir beweisen zunächst die beiden nachfolgenden Hilfssätze, welche, ihrem Sinn nach, in die allgemeine Primendentheorie gehören.

4. *Ein Satz über die Gebietsketten. Hilfssatz 1. Es sei* $\mathsf{E}_{\mathfrak{G}}^{\tau}$ *ein beliebiges Primende des Gebietes* $\mathfrak{G}$. $\mathfrak{G}_1 > \mathfrak{G}_2 > \ldots > \mathfrak{G}_\nu > \ldots$ *sei eine das Primende bestimmende Gebietskette und* $Q_1, Q_2, \ldots Q_\nu, \ldots$ *die entsprechende Querschnittskette. Wir behaupten, der Durchschnitt eines jeden Querschnittes* Q_ν *der Kette mit fast allen Querschnitten derselben ist immer leer*[1]).

Angenommen, unsere Behauptung gilt nicht. Es existiert dann für ein bestimmtes $\nu = \lambda$ ein Querschnitt Q_λ und eine Teilkette $Q_1', Q_2', \ldots Q_\nu', \ldots$ der Kette (Q_ν) mit der Eigenschaft, daß für jedes $\nu = 1, 2, \ldots$

$$Q_\lambda \cdot Q_\nu' \neq o$$

gilt. Wir können deshalb eine in der Kette (Q_ν') gegen ihr Grenzgebilde und einen Randpunkt ξ konvergierende α- oder β-Punktfolge $R_1, R_2, \ldots R_\nu, \ldots = (R_\nu)$ bestimmen, welche ganz auf dem Querschnitt Q_λ liegt. Für jedes ν sei $\mathfrak{U}(R_\nu)$ eine ganz in $\mathfrak{G}$ liegende Umgebung des Punktes R_ν, mit der Eigenschaft, daß in $\mathfrak{U}(R_\nu)$ keine von R_ν verschiedenen Punkte der Folge (R_ν) enthalten sind. Eine so definierte Folge von Umgebungen $[\mathfrak{U}(R_\nu)]$ konvergiert offenbar gegen den Punkt ξ. Wir bezeichnen jetzt das durch Q_λ bestimmte Teilgebiet der Kette $(\mathfrak{G}_\nu)$ mit $\mathfrak{G}_\lambda$; $\mathfrak{G}_\lambda^*$ sei das zu ihm komplementäre Teilgebiet relativ zu $\mathfrak{G}$. Jetzt bemerken wir, daß die beiden Beziehungen

$$\mathfrak{U}(R_\nu) \cdot \mathfrak{G}_\lambda^* \neq o$$

für festes λ und jedes $\nu = 1, 2, \ldots$ bzw.

$$\mathfrak{U}(R_\nu) \cdot \mathfrak{G}_\nu' \neq o$$

Ebene eindimensionale Kontinua sind, während die (abgeschlossene) Gesamtheit ihrer erreichbaren Stellen in den meisten Fällen echte Teilmengen von niedrigerer Dimension ausmachen.

[1]) Zum Unterschied von dem geläufigen Sonderfall der Querschnittsketten einfach zusammenhängender ebener Bereiche muß im allgemeinen Fall dieser Hilfssatz besonders bewiesen werden, da die allgemeine Definition der Enden nicht ausschließt, daß der Durchschnitt unendlich vieler, ein Ende bestimmender Querschnitte nicht leer ist.

für jedes $\nu = 1, 2, \ldots$ gelten, wobei wir unter $\mathfrak{G}'_\nu$ das durch R_ν zugeordnetes Q'_ν bestimmte Teilgebiet der Kette verstehen. Für jedes ν wählen wir jetzt einen Punkt $\mathfrak{J}_\nu$ innerhalb $\mathfrak{U}(R_\nu) \cdot \mathfrak{G}'_\nu$ und einen Punkt $\mathfrak{J}^*_\nu$ innerhalb $\mathfrak{U}(R_\nu) \cdot \mathfrak{G}^*_\lambda$. Es ist leicht ersichtlich, daß die beiden gegen ξ konvergierenden Punktfolgen $\mathfrak{J}_1, \mathfrak{J}_2, \ldots \mathfrak{J}_\nu, \ldots$ bzw. $\mathfrak{J}^*_1, \mathfrak{J}^*_2, \ldots \mathfrak{J}^*_\nu, \ldots$ [nebst der Punktfolge (R_ν)] einer und derselben unbewallten f-Gesamtheit angehören und insbesondere auch zueinander konjugiert sein müssen: bezeichnen wir nämlich mit s_ν einen das Punktepaar $(\mathfrak{J}_\nu, \mathfrak{J}^*_\nu)$ innerhalb $\mathfrak{U}(R_\nu)$ verbindenden Streckenzug, so muß das Streckenzugsystem $S = s_1, s_2, \ldots s_\nu, \ldots$ ausgezeichnet sein. Jetzt bemerken wir, daß die Punktfolge $(\mathfrak{J}_\nu)$ (bis auf unendlich viele Punkte) in jedem Gebiet $\mathfrak{G}_\nu$ enthalten ist, somit also gegen das Primende E^τ_g konvergiert, während dies für die außerhalb $\mathfrak{G}^0_\lambda$ liegende Punktfolge $(\mathfrak{J}^*_\nu)$ nicht zutrifft.

Nach einem bekannten Satz der Primendentheorie (Korollar zum Satz VIII, § 10) enthält die Punktfolge $(\mathfrak{J}_\nu)$ eine Teilfolge $\mathfrak{J}'_1, \mathfrak{J}'_2, \ldots \mathfrak{J}'_\nu, \ldots = (\mathfrak{J}'_\nu)$, welche in der konjugierten Ausgangsmenge Δ eines Komplexes Δ_1 erster Ordnung enthalten ist. Die Punktfolge $(\mathfrak{J}^*_\nu)$ enthält eine zur Punktfolge $(\mathfrak{J}'_\nu)$ konjugierte Teilfolge $\mathfrak{J}^{*\prime}_1, \mathfrak{J}^{*\prime}_2, \ldots \mathfrak{J}^{*\prime}_\nu, \ldots$ Diese letztere muß ebenfalls in Δ_1 enthalten sein. Andererseits ist aber die Punktfolge $(\mathfrak{J}'_\nu)$ in dem mit der normierten f-Menge des Primendes E^τ_g identischen, vollkommen gesättigten Komplex Δ_τ enthalten. Es gilt somit $\Delta_1 \cdot \Delta_\tau \neq 0$, woraus sofort die Beziehung $\Delta_1 < \Delta_\tau$ folgt. Es müßte also eine außerhalb $\mathfrak{G}_\lambda$ liegende Punktfolge $(\mathfrak{J}^*_\nu)$ in Δ_τ enthalten sein, was offenbar unmöglich ist.

Aus dem bewiesenen Hilfssatz gewinnen wir unmittelbar die nachfolgenden Behauptungen.

Folgerung 1. Ist E^τ_g ein beliebiges Primende und $(\mathfrak{G}_\nu)$ bzw. (Q_ν) die entsprechenden, das Primende bestimmenden Gebiets- und Querschnittsketten, so gibt es für jedes $\nu = \nu_0$ einen ersten Wert $\nu_1 > \nu_0$ so, daß die Beziehung

$$\mathfrak{G}_{\nu_0} > \mathfrak{G}^0_{\nu_1+\nu} \cdot \mathfrak{G} \quad (\nu = 1, 2, \ldots)$$

gilt.

Wäre dies nicht der Fall, so müßte wegen der Beziehung $\mathfrak{G}_{\nu_0} > \mathfrak{G}_{\nu_1+\nu}$, welche für jedes ν_0 und $\nu_1 > \nu_0$ gilt, für gewisse unendlich viele Werte ν die Beziehung

$$(\mathfrak{G}^0_{\nu_0} \cdot \mathfrak{G} - \mathfrak{G}_{\nu_0}) \cdot (\mathfrak{G}^0_{\nu_0+\nu} \cdot \mathfrak{G} - \mathfrak{G}_{\nu_0+\nu}) \neq 0$$

gelten. Diese Beziehung besagt aber, daß der $\mathfrak{G}_{\nu_0}$ bestimmende

Querschnitt Punkte unendlich vieler Querschnitte der Kette (Q_ν) enthalten müßte, was nach dem Hilfssatz 1 unmöglich ist.

Folgerung 2. Bestimmt eine Querschnittskette (Q_ν) ein Primende $E_{\mathfrak{g}}^{\mathfrak{r}}$, so konvergiert eine jede in der Kette (Q_ν) gegen ihr Grenzgebilde konvergierende Punktfolge auch gegen $E_{\mathfrak{g}}^{\mathfrak{r}}$.

Diese Behauptung folgt unmittelbar aus der Folgerung 1.

Folgerung 3. Eine Punktfolge (P_n) des Gebietes $\mathfrak{G}$, welche gegen den Rand, aber nicht gegen ein durch die Gebietskette $(\mathfrak{G}_\nu)$ bestimmtes Primende $E_{\mathfrak{g}}^{\mathfrak{r}}$ konvergiert, enthält immer eine Teilfolge, welche ganz außerhalb eines ersten abgeschlossenen Gebietes $\mathfrak{G}_\nu^0$ der Kette liegt.

Auch diese Behauptung ergibt sich unmittelbar aus der Folgerung 1.

Es sei schließlich noch hervorgehoben, daß der Hilfssatz 1 noch verschärft werden kann, indem gezeigt wird, daß unendlich viele Querschnitte einer ein Primende bestimmenden Querschnittskette niemals Punktfolgen einer und derselben unbewallten f-Gesamtheit enthalten können.

5. *Ein Satz über die Kurven am Rande.* Unter Benutzung des Hilfssatzes 1 beweisen wir jetzt den folgenden wichtigen Hilfssatz.

Hilfssatz 2. Es sei C eine gegen den Rand konvergierende Kurve im Gebiet $\mathfrak{G}$ mit der Eigenschaft, daß die Gesamtheit $\mathfrak{M}_{\mathfrak{f}}^{a}$ aller α-Punktfolgen, welche auf der Kurve C liegen, gegen ein und dasselbe Primende $E_{\mathfrak{g}}^{\mathfrak{r}}$ konvergiert. Ist $\mathfrak{M}_{\mathfrak{f}}^{a}$ leer, so sei $E_{\mathfrak{g}}^{\mathfrak{r}}$ jedenfalls ein Primende, gegen welches mindestens eine Punktfolge auf C konvergiert. Wir behaupten, die Kurve C konvergiert gegen das Primende $E_{\mathfrak{g}}^{\mathfrak{r}}$.

Es sei $\mathfrak{G}_1, \mathfrak{G}_2, \ldots \mathfrak{G}_\nu, \ldots$ die das Primende $E_{\mathfrak{g}}^{\mathfrak{r}}$ bestimmende Gebietskette und $Q_1, Q_2, \ldots Q_\nu, \ldots$ die entsprechende Querschnittskette. $O_1, O_2, \ldots O_n, \ldots = (O_n)$ sei eine beliebige, gegen einen Randpunkt konvergierende Punktfolge auf C. — Angenommen, die Punktfolge (O_n) konvergiert nicht gegen das Primende $E_{\mathfrak{g}}^{\mathfrak{r}}$. Nach der Folgerung 3 aus dem Hilfssatz 1 existiert ein hinreichend großer Wert $\nu = \nu_0$ mit der Eigenschaft, daß eine unendliche Teilfolge $O_1', O_2', \ldots O_n', \ldots = (O_n')$ der Punktfolge (O_n) ganz außerhalb des abgeschlossenen Gebietes $\mathfrak{G}_{\nu_0}^0$ liegt. (O_n') ist offenbar eine β-Punktfolge, da ja sämtliche auf C liegenden α-Punktfolgen wesentlich in jedem Gebiet $\mathfrak{G}_\nu$ enthalten sein müssen.

Es sei $O_1'^*, O_2'^*, \ldots O_n'^*, \ldots = (O_n'^*)$ eine normierte Teilfolge der Punktfolge (O_n'), welche in der konjugierten Ausgangsmenge Δ eines Komplexes Δ_1 erster Ordnung enthalten ist (Pth. § 10, Korollar zum Satz VIII). Wir durchlaufen die Kurve C für jedes n vom Punkt $O_n'^*$ ab in der Richtung nach dem Gebietsrand Γ bis zum ersten Schnittpunkt mit dem das Gebiet $\mathfrak{G}_{\nu_0}$ bestimmenden Querschnitt Q_{ν_0}. Den durchlaufenen Teil der Kurve C bezeichnen wir für jedes n mit $c_n^{\nu_0}$. Wir betrachten jetzt die Folge der Wege

$$C^{\nu_0} = c_1^{\nu_0}, c_2^{\nu_0}, \ldots c_n^{\nu_0}, \ldots,$$

deren Grenzgebilde $T_{C^{\nu_0}}$ sei. Da nun eine jede in C^{ν_0} gegen $T_{C^{\nu_0}}$ konvergierende Punktfolge auf C aber außerhalb $\mathfrak{G}_{\nu_0}$ liegt, so können wir sofort folgern, daß in dem Wegsystem[1]) C^{ν_0} keine α-Punktfolgen konvergieren können, was aber besagt, daß C^{ν_0} ausgezeichnet ist.

Es liegt somit auf Q_{ν_0} eine zu einer Teilfolge von $(O_n'^*)$ konjugierte Punktfolge. Eine solche muß aber in Δ_1 enthalten sein. Ganz entsprechend können wir nachweisen, daß auf jedem Querschnitt $Q_{\nu_0+\nu}$, welcher das Teilgebiet $\mathfrak{G}_{\nu_0+\nu}$ der Kette $(\mathfrak{G}_\nu)$ bestimmt, eine zu einer Teilfolge von $(O_n'^*)$ konjugierte und somit in Δ_1 enthaltene Punktfolge liegen muß. Bezeichnen wir mit $\mathsf{E}_\mathfrak{g}^{\delta *}$ das Primende, gegen welches die Punktfolge $(O_n'^*)$ konvergiert, und mit $\mathfrak{G}_1^*, \mathfrak{G}_2^*, \ldots \mathfrak{G}_\nu^*, \ldots$ eine dieses Primende bestimmende Gebietskette, so können wir schließen, da ja Δ_1 wesentlich in $\mathfrak{G}_\nu^*$ enthalten sein muß, daß eine Punktfolge auf $Q_{\nu_0+\nu}$ für jedes ν im Gebiet $\mathfrak{G}_\nu^*$ enthalten sein muß. Es gilt deshalb jedenfalls $\mathfrak{G}_{\nu_0+\nu} \cdot \mathfrak{G}_\nu^* \neq 0$ für wachsende Werte ν. Darnach muß auch

$$\mathsf{E}_\mathfrak{g}^\tau \cdot \mathsf{E}_\mathfrak{g}^{\delta *} \neq 0$$

und nach der bekannten Eigenschaft der Primenden $\mathsf{E}_\mathfrak{g}^\tau \equiv \mathsf{E}_\mathfrak{g}^{\delta *}$ sein. Dieser Schluß widerspricht der Tatsache, wonach $(O_n'^*)$ nicht gegen $\mathsf{E}_\mathfrak{g}^\tau$ konvergiert.

6. *Der zweite Invarianzsatz.* Wir beweisen jetzt den Satz:

Ist A eine gegebene topologische Abbildung eines beliebigen beschränkten räumlichen oder ebenen Gebietes $\mathfrak{G}$ auf ein beschränktes Gebiet $\tilde{\mathfrak{G}}$, so ist für die Invarianz der Primenden der beiden Gebiete notwendig und hinreichend, daß die durch A (bzw. A^{-1}) gelieferten Bildkurven je zweier Einschnitte, welche gegen verschiedene Primenden des Gebietes $\mathfrak{G}$ (bzw. $\tilde{\mathfrak{G}}$) konvergieren, ebenfalls gegen verschiedene Primenden des Gebietes $\tilde{\mathfrak{G}}$ (bzw. $\mathfrak{G}$) konvergieren und umgekehrt (Invarianzsatz II).

[1]) Es ist ohne weiteres klar, daß die in der Primendentheorie für Streckenzugsysteme geltenden Begriffe wörtlich auch für Wegsysteme (in welchen an Stelle von Streckenzügen Wege treten) gültig sind.

Die Abbildung A, welche der Bedingung dieses Satzes genügt, bezeichnen wir mit A_b und ihre Inverse mit A_b^{-1}.

Die Notwendigkeit dieser Invarianzbedingung folgt unmittelbar aus dem einfachen Invarianzsatz I. Es kommt also tatsächlich nur darauf an, zu zeigen, daß die Bedingung auch hinreichend ist. Dies gelingt uns im wesentlichen auf Grund des Hilfssatzes 2.

Es sei $\mathfrak{E}_g^\tau$ ein beliebiges Primende des Gebietes $\mathfrak{G}$ von der Ordnung τ. Angenommen, es gibt zwei zueinander fremde, gegen das Primende $\mathfrak{E}_g^\tau$ konvergierende Punktfolgen $P_1', P_2', \ldots P_n', \ldots = (P_n')$ und $P_1'', P_2'', \ldots P_n'', \ldots = (P_n'')$, deren Bildpunktfolgen $(\tilde{P}_n')$ und $(\tilde{P}_n'')$ nicht gegen ein und dasselbe Primende des Bildbereiches $\tilde{\mathfrak{G}}$ konvergieren. Es existieren dann [vgl. (1) Ziffer 1] eine Teilfolge $\tilde{P}_1'^*, \tilde{P}_2'^*, \ldots \tilde{P}_n'^*, \ldots = (\tilde{P}_n'^*)$ der Folge $(\tilde{P}_n')$ und eine Teilfolge $\tilde{P}_1''^*, \tilde{P}_2''^*, \ldots \tilde{P}_n''^*, \ldots = (\tilde{P}_n''^*)$ der Folge $(\tilde{P}_n'')$, welche gegen zwei verschiedene Primenden $\tilde{\mathfrak{E}}_g^\delta$ und $\tilde{\mathfrak{E}}_g^\eta$ (von gewisser Ordnung δ und η) des Bildbereiches konvergieren. Die beiden Urbildpunktfolgen $(P_n'^*)$ und $(P_n''^*)$ der Punktfolgen $(\tilde{P}_n'^*)$ und $(\tilde{P}_n''^*)$ konvergieren offenbar gegen das Primende $\mathfrak{E}_g^\tau$. Wir können deshalb nach dem Verfahren (2) Ziffer 1 eine gegen das Primende $\mathfrak{E}_g^\tau$ konvergierende Kurve C konstruieren, welche die beiden Punktfolgen $(P_n'^*)$ und $(P_n''^*)$ enthält. $\tilde{C}$ sei die Bildkurve der Kurve C. Aus der Grundbedingung, welcher die Abbildung A_b genügt, folgt sofort, daß die (evtl. leere) Gesamtheit aller α-Punktfolgen, welche auf der Kurve $\tilde{C}$ liegen, gegen ein und dasselbe Primende von $\tilde{\mathfrak{G}}$ konvergieren muß. Anderenfalls könnte nämlich die Urbildkurve C nicht gegen ein Primende konvergieren. Jetzt machen wir von dem Hilfssatz 2 Gebrauch. Danach muß die Kurve $\tilde{C}$ gegen ein und dasselbe Primende konvergieren, was aber unmöglich ist, da die beiden auf $\tilde{C}$ liegenden Punktfolgen $(\tilde{P}_n'^*)$ und $(\tilde{P}_n''^*)$ gegen verschiedene Primenden konvergieren. Es ist somit gezeigt, daß die Bildpunktfolgen zweier gegen $\mathfrak{E}_g^\tau$ konvergierenden Punktfolgen gegen ein Primende des Bildbereiches konvergieren.

Aus dem letzten Schluß folgt auch sofort, daß die Bildpunktfolge $(\tilde{P}_n)$ einer gegen ein Primende $\mathfrak{E}_g^\tau$ konvergierenden Punktfolge (P_n) immer gegen ein Primende des Bildbereiches konvergieren muß. Es gäbe sonst zwei verschiedene gegen $\mathfrak{E}_g^\tau$ konvergierende Teilfolgen von (P_n), deren Bildpunktfolgen gegen verschiedene Primenden des Bildbereiches konvergieren müßten.

Eine ganz ähnliche Betrachtung gilt auch dann, falls wir, statt vom Gebiet $\mathfrak{G}$ und der Abbildung A_b, von dem Bildbereich $\tilde{\mathfrak{G}}$ und der inversen Abbildung A_b^{-1} ausgehen. Die inverse Betrachtung führt aber sofort zum Schluß, daß zwei Punktfolgen des Gebietes $\mathfrak{G}$, welche gegen zwei verschiedene Primenden konvergieren, durch die Abbildung A_b in zwei Punktfolgen übergehen, welche ebenfalls gegen zwei verschiedene Primenden des Bildbereiches konvergieren. Damit ist der Beweis des Invarianzsatzes II erbracht.

§ 3. Weitere Ergebnisse.

7. *Hinweis auf einen weiteren Invarianzsatz.* Das Ergebnis des § 2 bildet nur eine Vorstufe zu weiteren, wesentlich tiefergehenden Untersuchungen. In den Voraussetzungen, welchen die Abbildung A_b (§ 2) genügt, ist nämlich *noch das Primende selbst verwendet worden*, wenn es sich auch nur um einen Teil seiner Punkte, nämlich die Gesamtheit der erreichbaren Stellen handelte. Es zeigt sich aber, daß die Invarianz der Randelemente auch dann besteht, wenn man von den erreichbaren Stellen allein ausgeht, *ohne von den Primenden selbst Gebrauch zu machen.* Man beherrscht gewissermaßen die Abbildung der Begrenzungen offener Mengen auf Grund der Zuordnung ihrer erreichbaren Punkte. Es gilt nämlich der folgende Satz:

Ist A_c eine topologische Abbildung eines beschränkten räumlichen oder ebenen Gebietes $\mathfrak{G}$ auf ein ebenfalls beschränktes Gebiet $\tilde{\mathfrak{G}}$ und bleiben bei der Abbildung A_c bzw. der inversen Abbildung A_c^{-1} die Einschnitte der beiden Gebiete erhalten, so sind die Primenden der beiden Gebiete in bezug auf die Abbildungen A_c und A_c^{-1} invariant.

In diesem Satz, dessen Beweis wir zum Gegenstand einer besonderen Veröffentlichung machen werden, zeigen sich (obwohl die betreffende Invarianzbedingung keine notwendige ist) die starken Invarianzeigenschaften der Primenden besonders deutlich. Ohne auf den Beweis selbst hier näher einzugehen, sei hier nur erwähnt, daß dieser sich auf Grund tiefergehender Untersuchungen des Verhaltens der Komplexe bei topologischen Abbildungen ergibt[1]).

[1]) Bei diesen Untersuchungen zeigen sich besonders deutlich die inneren gegenseitigen Verknüpfungen der vom Verfasser neu eingeführten Grundbegriffe, wie α- und β-Folgen, konjugierte Mengen, und insbesondere auch der unbewallten Grenzfolgen, welche ihm die Entwicklung der Komplextheorie ermöglicht haben.

8. *Sonderfall der Primenden mit höchstens einem erreichbaren Punkt.* Nur in einem, vom allgemeinen Standpunkt zwar engen, aber dennoch wichtigen Sonderfall läßt sich der erwähnte Satz auf die früheren Betrachtungen leicht zurückführen: *im Falle solcher Bereiche* ($\mathfrak{G}$ *und* $\tilde{\mathfrak{G}}$), *deren Randelemente höchstens einen einzigen (einfach gezählten) erreichbaren Punkt enthalten.*

Es sei zunächst erwähnt, daß eine der wichtigsten Eigenschaften solcher Primenden darin besteht, daß sie von höchstens zweiter Ordnung sind[1]).

Dies ergibt sich sofort aus einem Grundsatz der Primendentheorie, nämlich aus dem Satze XII (Pth. § 12). Wäre nämlich ein solches Primende von höherer (als zweiter) Ordnung, so müßte der das Primende bestimmende, vollkommen gesättigte Komplex mindestens zwei verschiedene unbewallte f-Gesamtheiten vom a-Typus enthalten. Das Primende müßte also zwei verschiedene erreichbare Punkte enthalten.

Bevor wir für den hier festgelegten Sonderfall den erwähnten Invarianzsatz betrachten, beweisen wir die folgende beliebige Gebiete allgemeinster Art betreffende Invarianzeigenschaft der Abbildung A_c.

Wir wollen zeigen, daß *die unbewallten f-Gesamtheiten vom a-Typus und somit auch die erreichbaren Randpunkte der beiden Gebiete* $\mathfrak{G}$ *und* $\tilde{\mathfrak{G}}$ *gegenüber den Abbildungen* A_c *und* A_c^{-1} *invariant bleiben.*

Zum Beweis dieser Behauptung gelangen wir am schnellsten unter Zuhilfenahme eines dem Ende sehr nahe verwandten (allgemeineren) Gebildes. — Eine ineinandergeschachtelte Folge durch Querschnitte bestimmter Teilgebiete $\mathfrak{H}_1 > \mathfrak{H}_2 > \dots \mathfrak{H}_\nu > \dots = (\mathfrak{H}_\nu)$ bestimmt in eindeutiger Weise ein Ende. Sehen wir nun von der Forderung, wonach die Teilgebiete $\mathfrak{H}_\nu$ der Folge $(\mathfrak{H}_\nu)$ durch Querschnitte bestimmt werden sollen, ab, so läßt sich dennoch die Definition des Endes auf eine solche Gebietskette übertragen. Ein so definiertes Gebilde wollen wir das „*Endgebilde*" der Gebietskette $(\mathfrak{H}_\nu)$ nennen. Wir sagen: eine Punktfolge *konvergiert gegen das Endgebilde,* falls fast alle ihre Punkte in jedem Gebiet

[1]) Es sei bei dieser Gelegenheit noch hervorgehoben, daß die Primenden, welche höchstens einen (einfach gezählten) erreichbaren Punkt enthalten, *im Raume von jeder der möglichen sechs Arten sein können.* Insbesondere existieren, wie an Beispielen gezeigt werden kann, im Raume auch Primenden fünfter und sechster Art, welche nur einen einzigen erreichbaren Punkt enthalten.

der Kette enthalten sind. Durch diese Definition wird das Endgebilde am einfachsten festgelegt. Das Endgebilde, wie das Ende auch, ist offenbar nur eine Art der Definition des Grenzgebildes einer ineinandergeschachtelten Gebietskette und mit dem Grenzgebilde selbst jedenfalls identisch[1]).

Es ist nun sofort klar, daß ein jeder erreichbare Punkt eines Gebietsrandes sich als ein Endgebilde (nicht immer aber als ein Ende!) auffassen läßt.

Es sei ξ ein beliebiger erreichbarer Punkt und $\mathfrak{P}_\mathfrak{f}$ die gegen ξ konvergierende unbewallte f-Gesamtheit vom α-Typus. Ist (K_ν) eine Folge konzentrischer, sich auf ξ zusammenziehender Kugeln (oder Kreise, im Falle der Ebene) mit dem Mittelpunkt ξ, so bestimmt eine jede Kugel K_ν ein Teilgebiet $\mathfrak{h}_\nu$, in welchem $\mathfrak{P}_\mathfrak{f}$ wesentlich enthalten ist. Die Gebietsfolge $\mathfrak{h}_1 > \mathfrak{h}_2 > \ldots > \mathfrak{h}_\nu > \ldots = (\mathfrak{h}_\nu)$ bestimmt, wie leicht ersichtlich, ein mit ξ identisches Endgebilde.

Jetzt bemerken wir, daß die Definition einer gegen ein Ende konvergierenden Kurve sich sofort auf das Endgebilde übertragen läßt. Besteht aber ein Endgebilde aus einem einzigen Punkt, so ist jede gegen dasselbe konvergierende Kurve ein Einschnitt des Gebietes. Die Invarianz der Einschnitte als Voraussetzung bei den Abbildungen A_c und A_c^{-1} bedeutet somit die Invarianz der gegen die einpunktigen Endgebilde konvergierenden Kurven. Somit sind für solche Endgebilde die Voraussetzungen der Abbildung A_a im Invarianzsatz I erfüllt. Ähnlich wie dort für die Primenden können wir hier die Invarianz der einpunktigen Endgebilde in bezug auf die Abbildung A_c beweisen, was wir hier noch näher ausführen wollen.

Es sei $\mathfrak{P}_\mathfrak{f}$ eine unbewallte f-Gesamtheit vom α-Typus und ξ ihr Häufungspunkt. t_ξ sei ein Einschnitt des Gebietes, welcher eine Punktfolge $(P_n) \varepsilon \mathfrak{P}_\mathfrak{f}$ enthält. Durch die Abbildung A_c geht t_ξ in einen Einschnitt des Gebietes $\tilde{\mathfrak{G}}$ über. Die Bildpunktfolge $(\tilde{P}_n)$ liegt ebenfalls auf einem Einschnitt und ist eine α-Punktfolge einer unbewallten f-Gesamtheit $\tilde{\mathfrak{P}}_\mathfrak{f}$. Wir wollen uns überzeugen, daß die Gesamtheit $A_c(P_\mathfrak{f})$ aller Bildpunktfolgen von $\mathfrak{P}_\mathfrak{f}$ in $\tilde{\mathfrak{P}}_\mathfrak{f}$ enthalten sein muß. Wäre dies nämlich nicht der Fall, so müßte eine Punktfolge $(\tilde{O}_n) \varepsilon A_c$ $(\mathfrak{P}_\mathfrak{f})$ existieren, deren keine Teilfolge

[1]) Von Endgebilden wurde übrigens auch in der Primendentheorie vielfach Gebrauch gemacht, ohne daß der Begriff selbst besonders eingeführt wurde. Man vergleiche dazu auch die Definition des Endes (Pth. § 2).

in $\tilde{\mathfrak{P}}_{\mathfrak{f}}$ enthalten wäre. Nun können wir nach dem Verfahren (2) Ziffer 1 einen Einschnitt t_{ξ}^{*} im Gebiet $\mathfrak{G}$ konstruieren, welcher eine unendliche Teilfolge von (P_n) und eine unendliche Teilfolge der Urbildpunktfolge (O_n) von $(\tilde{O}_n)$ enthält. Der Einschnitt t_{ξ}^{*} geht bei der Abbildung A_c in einen gegen einen Randpunkt $\tilde{\xi}$ von $\tilde{\mathfrak{G}}$ konvergierenden Einschnitt $\tilde{t}_{\tilde{\xi}}^{*}$ über, wobei jede auf ihm liegende α-Punktfolge in $\tilde{\mathfrak{P}}_{\mathfrak{f}}$ enthalten sein muß. Wir erhalten somit einen Widerspruch, aus welchem sofort die Beziehung $A(P_{\mathfrak{f}}) \varepsilon \tilde{P}_{\mathfrak{f}}$ folgt. — Um zu zeigen, daß die Gesamtheit der Urbildpunktfolgen $A_c^{-1}(\tilde{P}_{\mathfrak{f}})$ der Gesamtheit $\tilde{P}_{\mathfrak{f}}$ in $P_{\mathfrak{f}}$ enthalten sein muß, wiederholen wir dieselbe Betrachtung in bezug auf die inverse Abbildung A_c^{-1}. Damit wird gezeigt, daß jede unbewallte f-Gesamtheit vom α-Typus in $\mathfrak{G}$ durch die Abbildung A_c in eine unbewallte f-Gesamtheit des Gebietes $\tilde{\mathfrak{G}}$ übergeht. — Berücksichtigen wir jetzt, daß laut Voraussetzung sämtliche Einschnitte in $\tilde{\mathfrak{G}}$ in bezug auf die inverse Abbildung A_c^{-1} erhalten bleiben, so können wir uns durch eine inverse Betrachtung leicht überzeugen, daß auch, umgekehrt, jeder unbewallten f-Gesamtheit vom α-Typus des Gebietes $\tilde{\mathfrak{G}}$ durch die Abbildung A_c^{-1} eine unbewallte f-Gesamtheit des Gebietes $\mathfrak{G}$ zugeordnet wird[1]).

Aus der bewiesenen Behauptung ergibt sich sofort die Folgerung:

Die durch A_c gelieferten Bildeinschnitte zweier gegen einen und denselben (einfach gezählten) erreichbaren Punkt von $\mathfrak{G}$ konvergierenden Einschnitte konvergieren ebenfalls gegen einen erreichbaren Punkt des Bildbereiches $\tilde{\mathfrak{G}}$.

Wir kehren jetzt zur Betrachtung der Bereiche, deren Randelemente höchstens einen erreichbaren Punkt enthalten, zurück. Die Gesamtheit aller α-Punktfolgen, welche gegen irgendein Primende eines solchen Bereiches konvergieren, bildet eine unbewallte f-Gesamtheit. Sämtliche gegen ein und dasselbe Primende von $\mathfrak{G}$ (bzw. $\tilde{\mathfrak{G}}$) konvergierenden Einschnitte konvergieren gegen einen und denselben erreichbaren Punkt. Nach der Folgerung aus der

[1]) Zum Unterschied von den Invarianzsätzen I und II ist hier eine nochmalige, allerdings ganz analog verlaufende Betrachtung notwendig. Dies ergibt sich daraus, daß dort die Gesamtheit der gegenüber A_a und A_b invarianten Primenden sämtliche gegen den Rand konvergierende Punktfolgen umfaßt, während es sich hier im allgemeinen nur um einen Teil dieser Punktfolgen handelt.

oben bewiesenen Invarianzeigenschaft der Abbildung A_c können wir schließen, daß sämtliche gegen ein Primende des Gebietes $\mathfrak{G}$ konvergierenden Einschnitte durch die Abbildung A_c in Einschnitte des Gebietes $\tilde{\mathfrak{G}}$, welche ebenfalls gegen ein und dasselbe Primende konvergieren, übergeführt werden.

Ein ganz entsprechender Schluß gilt natürlich auch für die inverse Abbildung A_c^{-1}. Damit ist aber gezeigt, daß im betrachteten Fall die Voraussetzungen der Abbildung A_b erfüllt sind. Es ist somit im betrachteten Sonderfall der Beweis der Primendeninvarianz auf den einfacheren Fall des Invarianzsatzes II zurückgeführt und wir erhalten den Satz:

Enthalten sämtliche Randelemente des Gebietes $\mathfrak{G}$ und des durch die Abbildung A_c gegebenen Gebietes $\tilde{\mathfrak{G}}$ höchstens einen (einfach gezählten) erreichbaren Punkt, so sind diese gegenüber der Abbildung A_c und ihrer inversen A_c^{-1} invariant.

9. *Sonderfall der einpunktigen Primenden.* Bevor wir unsere Betrachtung schließen, sei hier noch die Abbildung A_c im Sonderfall solcher Bereiche, *deren sämtliche Primenden jeweils aus einem einzigen Punkt bestehen,* hervorgehoben.

Die Berandungen der beiden Gebiete $\mathfrak{G}$ und $\tilde{\mathfrak{G}}$ bestehen dann jedenfalls nur aus erreichbaren Stellen. Die Gesamtheit aller Punktfolgen, welche gegen ein Primende von $\mathfrak{G}$ oder $\tilde{\mathfrak{G}}$ konvergieren, bildet immer eine unbewallte f-Gesamtheit vom α-Typus. Das Primende selbst ist von erster Art und erster Ordnung[1]. *Wie leicht ersichtlich, bildet die Voraussetzung der Abbildung A_c, wonach die Einschnitte der beiden Gebiete erhalten bleiben, eine notwendige und hinreichende Bedingung der Primendeninvarianz.* Denn in diesem Spezialfall unterscheidet sich die Abbildung A_c durch nichts von dem besonders einfachen Fall der Abbildung A_a.

Ist insbesondere jeder Randpunkt der beiden Gebiete $\mathfrak{G}$ und $\tilde{\mathfrak{G}}$ ein einfacher erreichbarer Punkt, so bewirkt die Abbildung A_c, wie sich leicht zeigen läßt, die umkehrbar eindeutige und stetige Zuordnung der Ränder der beiden Gebiete zueinander.

Es sei hier noch erwähnt, daß die Voraussetzung, wonach *ein Randpunkt nur in einpunktigen Primenden enthalten sein soll, zur Charakterisierung der allseitigen Erreichbarkeit verwendet werden*

[1]) Für solche Primenden gilt immer die Beziehung $P\mathfrak{f} = \Delta = \Delta_1^0$.

kann, an Stelle der üblichen, für den Fall des dreidimensionalen Raumes wenig geeigneten und zweckmäßigen Definition der allseitig erreichbaren Randpunkte. Dadurch wird nämlich die Heranziehung der weniger einfachen räumlichen Querschnitte für die Definition der allseitigen Erreichbarkeit vermieden[1]).

10. *Schlußbetrachtung. Abbildung auf die Vollkugel.* Unter den Abbildungsproblemen, welche durch die Entwicklung der allgemeinen Primendentheorie aktuell geworden sind, nimmt das eine eine besonders hervorragende Stelle ein: die Frage nach den Abbildungen räumlicher Bereiche auf die Vollkugel und nach dem Verhalten der Randelemente bei solchen Abbildungen.

In dieser Hinsicht ist uns bereits ein grundsätzliches Resultat gelungen, wonach bei Abbildungen, welche verschiedene erreichbare Punkte in verschiedene Kugelpunkte überführen, alle Primendenbilder (Punkte oder Continua) auf der Kugel zueinander paarweise fremd sein müssen.

Dieser Satz, welcher sich ebenfalls aus den Grundeigenschaften der Komplexe ergibt, wird in einer besonderen Arbeit bewiesen werden.

Wir müssen uns allerdings im klaren bleiben, daß durch unsere Untersuchungen die Kernprobleme der Abbildung offener Raummengen zwar stark beleuchtet und zum Teil gelöst werden, daß aber dadurch die außerordentlich schwierige Aufgabe der tatsächlichen Durchführung der Abbildungen noch ungelöst bleibt. Als Hauptaufgabe muß zunächst die tatsächliche Durchführung der Abbildung der einfach zusammenhängenden räumlichen Bereiche auf das Kugelinnere, bei welchem die Primendenbilder zueinander fremd bleiben, betrachtet werden. Von der Lösung dieser Aufgabe unter möglichst allgemeinen Bedingungen sind wir gegenwärtig, sogar im einfachsten Fall der Bereiche, deren Randelemente diskrete Punkte sind, noch weit entfernt[2]). Die Förderung dieser Probleme dürfte unseres Erachtens als eine der wichtigsten zukünftigen Aufgaben der räumlichen Topologie betrachtet werden.

[1]) Vgl. den II. Teil des Jahresberichtes der d. Math. Vereinigung von A. Schönflies (Erg.-Bd. II, 1908, Kap. V § 10 [S. 176] und § 19 [S. 197]). Die Schönfliessche Übertragung des Begriffes der allseitigen Erreichbarkeit bildet eigentlich kein Analogon zu dem sonst geläufigen wichtigen Begriff in der Ebene.

[2]) Man denke etwa an das Verhalten bei der Abbildung auf das Kugelinnere solcher Bereiche, deren Randteile (relativ zu gewissen Umgebungen) eindimensional sind, wie z. B. im Falle einer Kugel mit „Stachel".

Kolibri 360 GmbH
Ferdinand-Jühlke-Straße 7
99095 Erfurt, Deutschland
produktsicherheit@kolibri360.de